爱国主义教育之
了解中国十大国粹

和静怡真

茶道

温会会/文　曾 平/绘

浙江摄影出版社
全国百佳图书出版单位

品尝茶的美感之道，被称为"茶道"。

在沏茶、赏茶、闻茶、饮茶的过程中，人们不仅可以学习礼法，增进友谊，还可以驱除杂念，陶冶情操。

茶道起源于中国，讲究"和、静、怡、真"。
其中，和意味着天和、地和、人和。
在茶的世界里，天地万物秩序井然，和
谐统一；泡茶之人敬宾好客，心平气和。

静是中国茶道追求的一种境界。

在宁静雅致的环境里，人们细细地品茶，让心灵得到洗礼，从而感悟人生的无穷乐趣。

茶就像一种情绪调节剂，可以让人心情放松。

在品茶的时候，人们可以将烦恼抛至脑后，让身心得到愉悦的体验。

怡神、怡情、怡心、怡身，这体现了茶道中的"怡"。

中国茶道还讲求真。

这里的"真"不仅包括真茶、真香、真味，也包含了待人接物的真心。

唐代的著名隐士陆羽，曾在山水之间隐居多年。

　　他精于茶道，撰写了世界上第一部茶叶专著《茶经》。

　　《茶经》里介绍了茶叶的种植、生长、采摘、制造、品鉴，内容可丰富了！

茶的饮用方法，分为好几种。

在唐代，煎茶法颇为流行。备茶时，古人会先在火上炙烤茶饼，冷却后将其碾成粉末，过筛后存放。煮茶时，初沸调盐，二沸投末并搅拌，三沸则止，最后将茶汤舀进碗里喝。

1

2

4

16

到了宋代，茶道出现了新风尚，开始流行点茶法。

和唐代的煎茶法不同，点茶法是将茶叶碾成细末，放在茶碗中，先注入少量沸水调成糊状，再倒入沸水。

在这个过程中，用茶筅搅动茶汤，待茶末上浮，形成粥面。

3

5

6

　　在品茶之余，古人又发展出斗茶。
　　斗茶是什么呢？它起源于唐代，兴盛
于宋代，是一种关于茶的比赛。比赛时，
斗茶者会将自己珍藏的好茶拿出来，轮流
烹煮，让大家品评，一分高下。

除了煎茶法、点茶法，还有泡茶法。

泡茶法兴盛于明朝，操作起来很简便，只需要将茶叶放入壶内，直接倒入沸水冲泡茶叶，再把茶汤分到杯子里饮用。

如今，流行于中国闽南及广东潮汕地区的工夫茶，就属于泡茶法。

工夫茶讲究"高冲低斟"。倒水时，手臂高举，让沸水从高处冲入壶中，此为"高冲"；斟茶时，茶壶尽可能地靠近茶杯，轻轻地倾倒，此为"低斟"。

在茶道中，各种各样的茶具必不可少。

茶漏、茶夹、茶杯、茶托、茶拂等茶具，与茶叶恰到好处地搭配着，增添了无穷的乐趣。

中国茶道历史悠久，传承至今，深受人们的喜爱。

品味茶香，以茶会友，凝神静心，茶道的魅力源远流长！

责任编辑　陈　一
文字编辑　谢晓天
责任校对　高余朵
责任印制　汪立峰

项目设计　北视国

图书在版编目（ＣＩＰ）数据

　　和静怡真：茶道 / 温会会文；曾平绘． -- 杭州：
浙江摄影出版社，2023.1
　　（爱国主义教育之了解中国十大国粹）
　　ISBN 978-7-5514-4174-2

　　Ⅰ．①和… Ⅱ．①温… ②曾… Ⅲ．①茶道－中国－
少儿读物 Ⅳ．① TS971.21-49

　　中国版本图书馆 CIP 数据核字（2022）第 188417 号

HEJINGYIZHEN CHADAO

和静怡真：茶道
（爱国主义教育之了解中国十大国粹）

温会会 / 文　曾平 / 绘

全国百佳图书出版单位
浙江摄影出版社出版发行
　　地址：杭州市体育场路 347 号
　　邮编：310006
　　电话：0571-85151082
　　网址：www.photo.zjcb.com
制版：北京北视国文化传媒有限公司
印刷：唐山富达印务有限公司
开本：889mm×1194mm　1/16
印张：2
2023 年 1 月第 1 版　　2023 年 1 月第 1 次印刷
ISBN 978-7-5514-4174-2
定价：39.80 元